INDICE

EQUILIBRIO HIDROELECTROLITICO:

1- EL AGUA

2- LOS ELECTROLITOS

3- DETERMINACIÓN ANALÍTICA DE LOS DIFERENTES ELECTROLITOS

EQUILIBRIO ACIDO-BÁSICO

1- CONCEPTO

2- FISIOLOGÍA

3- PATOLOGÍA

4- MÉTODOS ANALÍTICOS

EQUILIBRIO GASEOSO

1- INTRODUCCIÓN

2- TRANSPORTE GASEOSO EN EL ORGANISMO

3- DETERMINACIÓN DE GASES

4- COOXIMETRÍA

EQUILIBRO HIDROELECTOLITICO

Los procesos metabólicos del organismo originan cantidades relativamente elevadas de ácidos (carbónico, láctico, fosfórico, etc.). Estos ácidos son transportados a los órganos de excreción (pulmones y riñones) sin producir ningún cambio apreciable del pH corporal. Esto es así, gracias al trabajo combinado de los sistemas amortiguadores, del aparato respiratorio y del aparato renal, que estos a su vez también mantienen la composición de electrolitos del cuerpo.

1. El agua

Es un elemento que constituye el 50-70% de nuestro peso corporal. Este porcentaje varía en función del sexo, la edad y la cantidad de grasa de un individuo.

En un organismo sano hay concordancia entre el agua absorbida y eliminada, ingiriendo una cantidad aproximada de 2 litros diarios se eliminan:

- Aproximadamente 1 litro por la orina
- Sobre 800 ml en forma de vapor de agua por los pulmones y la piel
- El resto por las heces

El agua corporal total se distribuye equilibradamente en dos compartimentos: intracelular y extracelular.

-Compartimento intracelular: aquí las sustancias disueltas con diferentes cargas están neutralizadas

-Compartimento extracelular: también presenta neutralizad eléctrica y se distribuye en:

- Plasma
- Líquido intersticial
- Líquido transcelular

El intercambio de líquido entre plasma y líquido intersticial se produce a través de diferentes factores:

- Presión hidrostática
- Permeabilidad capilar (presión osmótica)
- Presión oncótica o coleidosmótica
- Drenaje linfático

En un adulto sano se valora su balance hídrico conociendo el volumen del líquido ingerido entre el volumen de orina eliminada

2- Los electrolitos

Son componentes esenciales que constituyen las sales que, en solución acuosa, se encuentran disociadas en iones.

Estos se dividen en:

- Cationes: sodio, potasio, calcio, magnesio e indicios de cobre, manganeso, cobalto, cromo, cadmio, zinc.

- Aniones: cloro, bicarbonato, fosfato, sulfato, bromo y yodo

Estos varían en función de la dieta. Necesitan ser consumidos en pequeñas cantidades.

El intestino delgado es el lugar donde se reabsorbe agua y electrolitos, todo ellos regulado por hormonas y neurotransmisores

Funciones:

- Mantenimiento de la presión osmótica
- Mantenimiento de la hidratación de los compartimentos líquidos del cuerpo
- Mantenimiento del pH
- Regulación de la función cardiaca y muscular
- Intervención en reacciones de óxido-reducción
- Cofactores de enzimas

Los electrolitos están distribuidos de la siguiente manera:

→Líquido extracelular: el catión predominante es el sodio

→Líquido intracelular: catión predominante el potasio

2.1 El sodio

El exceso de este es eliminado por los riñones, los cuales son los reguladores últimos del contenido de sodio del cuerpo. Los valores normales son:

- En plasma y líquido intersticial: 135-145 mEq/l
- En líquido intracelular: 12 mEq/l
- En orina: 30-280 mEq/l

→ Funciones biológicas

- Conservación de la presión osmótica
- Mantenimiento del equilibrio ácido-base
- Activación de enzimas
- Participación en la transmisión de impulsos nerviosos por la actividad eléctrica que genera a través de las membranas celulares

→ Alteraciones en el metabolismo del sodio

*Hiponatremia (<130 mEq/l). Puede darse por pérdidas extrarrenales por tubo digestivo y por la piel, pérdidas renales anormales y enfermedad de Addison o hipoaldosteronismo.

*Hipernatremia (>150 mEq/l). Puede producirse por pérdidas de agua a nivel extrarrenal a través de la piel, de los pulmones o a nivel renal, por retención de sodio (suele ser origen iatrogénico) y síndrome de Cushing e hiperaldosteronismo, entre otros.

2.2 El potasio

La concentración intracelular del potasio se mantiene fundamentalmente por medio de un transporte activo (bomba sodio-potasio). Con una dieta normal y una vez absorbido por el tubo digestivo es eliminado parcialmente del plasma por filtración glomerular y luego reabsorbido por los túbulos.

Valores normales:

- En plasma y líquido intersticial: 3.5-5.5 mEq/l
- En líquido intracelular: 150 mEq/l

→Funciones:

- Conducción de los impulsos nerviosos
- Contracción muscular
- Regulación de la presión osmótica
- Mantenimiento del equilibro ácido-base
- Regulación, junto con el calcio y el magnesio, del gasto cardiaco (velocidad y fuerza de contracción)

→Alteraciones en el metabolismo del potasio:

*Hipopotasemia (<2.5 mEq/l). Puede darse en alteraciones digestivas, renales...

*Hiperpotasemia (>5.5 mEq/l). Puede darse por una eliminación inadecuada de potasio, por un desplazamiento de potasio desde los tejidos, etc...

2.3 Otros electrolitos

Cloro: puede ir acompañado de diferentes alteraciones, como hipo e hipercloremia

Calcio: es el catión más cuantioso del organismo, localizándose sobre todo en el esqueleto (el 98%)

Fósforo, magnesio, hierro, yodo, cobre y zinc. El desequilibrio de estos también produce alteraciones en el organismo

3. Determinación analítica de los diferentes electrolitos

SODIO

El método de referencia es la espectroscópia de emisión atómica o de llama (fotometría de llama), actualmente se puede utilizar la técnica automatizada denominada potenciometría con electrodo ion-selectivo (ISE) con membrana de intercambio iónico de vidrio además de la espectrofotometría de absorción atómica

POTASIO

Generalmente se utiliza la potenciometría con electrodo ion-selectivo (ISE) con membrana transportadora neutra de valinomicina. También se puede utilizar la fotometría de llama y la espectrofotometría de absorción atómica

CLORO

El método de análisis de elección es la titulación culombimétrica-amperométrica (clorímetros) donde a partir de la plata iónica se forma cloruro de plata insoluble. Otros métodos son la titulación mercurimétrica, el método de tiocianato y por medio de electrodo ion-selectivo (ISE)

CALCIO

El método de referencia es la espectrofotometría de absorción atómica, siendo los más utilizados los métodos espectrofotométricos directos. Otros métodos más exactos son los métodos complexométricos, la fotometría de llama y la espectroscopia de masas.

Para la determinación del calcio iónico se emplea un electrodo ión-selectivo (ISE)

FÓSFORO

Se mide por métodos espectrofotométricos: método del fosfomolibdato y métodos enzimáticos

MAGNESIO

El método de elección es la espectrofotometría de absorción atómica. El precipitado obtenido se cuantifica de forma automatizada mediante técnicas espectrofotométricas directas como, por ejemplo, azul de metiltimol y calmagite

HIERRO IÓNICO

Mediante técnicas colorimétricas

YODO

Su determinación analítica no es común. Lo más frecuente es evaluar el estado nutricional del yodo de forma indirecta, evaluando la función tiroidea

COBRE Y ZINC

La espectrofotometría de absorción atómica es la técnica más empleada

EQUILIBRIO ÁCIDO-BÁSICO

1. Concepto

Se define como aquella situación de equilibrio, establecido en el balance entre sustancias de carácter ácido y de carácter básico de la sangre, como consecuencia de la interrelación entre los sistemas respiratorio y metabólico

La determinación del pH de la sangre es uno de los factores fundamentales en la evaluación del equilibrio ácido-base y es imprescindible cuando se investiga dicho equilibrio en un paciente. Los valores normales oscilan de 7.35-7.45. Para fines clínicos el pH de la sangre venosa tiene el mismo significado que el de la sangre arterial.

El pH de la orina refleja la capacidad del riñón para mantener una concentración de H^+ normal en el plasma y en el resto de líquidos extracelulares. El pH de la orina oscila entre 4.5-8 con un valor medio de 6

2. Fisiología

Los procesos metabólicos del organismo producen ácido carbónico (H_2CO_3) e hidrogeniones (H^+). Estos ácidos pueden ser:

- Ácidos volátiles, como el CO_2, que está en constante equilibrio con el ácido carbónico y es eliminado por los pulmones

- Ácidos no volátiles, que en caso necesario serán eliminados por los riñones.

De este modo se mantiene el pH sanguíneo en un estrecho rango que va de 7.35-7.45, siendo los límites compatibles con la vida 6.7-7.8.

El equilibrio anteriormente mencionado se consigue gracias a los sistemas tampón, buffer o amortiguadores, al aparato respiratorio y al aparato renal

2.1 Sistemas amortiguadores

En el organismo los sistemas tampón, en orden decreciente de importancia clínica son:

- Tampón bicarbonato-ácido carbónico
- Tampón proteínas, con especial relevancia para la hemoglobina
- Tampón fosfato
- Tampón óseo

→Tampón bicarbonato-ácido carbónico $(HCO_3^-)/H_2CO^3$

$$CO_2 + H_2O \leftrightarrow H_2CO_3 \leftrightarrow CO_3H^- + H^+$$

Es un tampón muy eficaz por presentar las siguientes ventajas:

- Las sustancias se encuentran disponibles en todos los medios del organismo

- En el medio extracelular presenta una alta concentración
- Los elementos del sistema se pueden regular fácilmente sistemas, respiratorio y renal

→Tampón proteico

Dentro de los tampones proteicos destaca el tampón hemoglobina

→Tampón fosfato

Opera principalmente en las células, siendo los agentes principales el fosfato mono y disódico

→Tampón óseo

Influye en el desequilibrio básico, pero su capacidad es menor

2.2 Regulación respiratoria (precoz y rápida)

Es precoz y rápida, ya que comienza en minutos y se estabiliza a las 24 horas.

Ante una acidosis aumenta el número de H^* y la reacción se desplaza hacia la izquierda, provocando un aumento del CO_2, que estimula el centro respiratorio (CR) originando hiperventilación.

Cuando aparece una alcalosis la reacción se desplaza hacia la derecha para buscar el equilibrio, lo que provoca una hipoventilación

2.3 Regulación renal

Es tardía y lenta, pues comienza a las 24 horas, alcanzando su máxima efectividad a las 4-5 días

El riñón realiza una regulación estable del pH eliminando los ácidos que sobran y lo hace de las siguientes formas:

- Con el intercambio Na^+-H^+
- Con la producción de amonio
- Reabsorbiendo HCO_3^- en el túbulo proximal

En el caso del riñón, la acidosis/alcalosis irá unida a la aparición de hipo/hipernatremia

3. Patología

La mayor parte de los métodos que se utilizan actualmente para determinar la existencia de un desequilibrio ácido-base en el organismo, están basados en la aplicación de la ecuación de Henderson-Hasselbach (H-H).

- Para un ácido débil(HA):
  $[HA] \leftrightarrow [H^+] + [A^-]$
  $[H^+] = K_a * [HA] / [A^-]$

Pasando a logaritmos y recíprocos se obtiene la siguiente expresión:

PH =pka + log $[A^-]$ / $[HA]$

Siendo la A^- la base y HA el ácido.

Concretamente, en el caso del H_2CO_3 de la sangre, la reacción que tiene lugar en el plasma, relaciona en la siguiente ecuación 3 magnitudes:

$$[H_2O] + [CO_2] \leftrightarrow [H_2CO_3] \leftrightarrow [H^+] + [HCO_3^-]$$

- El ph.
- La concentración molar de dióxido de carbono (CO_2).
- La concentración molar de bicarbonato (HCO_3^-).

Aplicando la ecuación de H-H, se obtiene:

$$pH = pk + \log [HCO_3^-] / [CO_2]$$

Siempre que queramos estudiar el equilibrio ácido – básico deberíamos hacer lo siguiente:

1-Determinar el trastorno 1º.

- PH sanguíneo <7.35 es un pH ácido y es lo que conocemos como acidemia.
- PH sanguíneo>7.35 es un pH básico/alcalino y es lo que conocemos como alcalemia.
- PH normal, tendremos que averiguar si es por la existencia de mecanismos compensadores o por la presencia de trastornos mixtos.

2-Definir el origen del trastorno 1º (causas).

- Acidosis respiratoria
- Acidosis metabólica
- Alcalosis respiratoria
- Alcalosis metabólica

3.1 Alteraciones del Equilibrio Ácido-Básico.

ACIDOSIS

La acidosis es un exceso de H^+ en la sangre (acidemia), pH <7.35:

1-Acidosis respiratoria:

Trastorno 1º: acumulo de CO_2 en el organismo como consecuencia de una hipoventilación que puede ser debida por las siguientes causas:

- Una depresión del centro respiratorio (CR) por traumatismos, infección, fármacos…
- Alteraciones pulmonares (enfisema, bronconeumonía) y cardiacas.
- Obstrucción de las vías respiratorias: cuerpo extraño, aumento de la secreción bronquial…
- Obesidad, etc

2-Acidosis metabólica:

Trastorno 1º: acumulo de ácidos fijos o exceso en la eliminación de bases como el bicarbonato. Causas:

- Aumento de la formación de ácido endógenos (ácido láctico, ácidos grasos-cuerpos cetónicos, etc.)son productos intermedios del metabolismo de los hidratos de carbono y las grasas.
- Aporte de ácidos orgánicos exógenos, generalmente intoxicaciones (intoxicación por ácido acetilsalicílico, etilenglicol...).
- Alteración renal, cuya consecuencia sea una reabsorción aumentada de ácidos (disminución en la excreción).
- Pérdida de bases, principalmente HCO_3: diarrea, pielonefritis, etc...

ALCALOSIS

La alcalosis es un déficit de H^+ en sangre (alcalemia), pH >7.45:

1-Alcalosis respiratoria.

Trastorno 1º: disminución de CO_2 que ocurre secundariamente a una hiperventilación. Causas:

- Estimulación directa del CR como ocurre en los casos de ansiedad, histeria, ejercicio intenso, fiebre y septicemia por bacilos gram (-) (endotoxinas).
- Afecciones pulmonares como la neumonía, el asma o la embolia pulmonar.
- Ventilación mecánica excesiva.
- Embarazo.

2-Alcalosis metabólica.

Trastorno 1°: aparece cuando existen pérdidas de ácidos fijos o ganancia de bases. Causas:

- Administración excesiva de sustancias alcalinas (carbonato sódico, antiácidos...).
- Pérdidas de HCL en vómitos prolongados o aspirados gástrico.
- Por hipopotasemias debidas a hiperaldosteronismo, Sd. De Cushing o secundarios a tratamientos con corticoides (la hipopotasemia provoca un incremento de la reabsorción de Na^+ y HCO_3^-).
- Por la administración de diuréticos que inhiben la reabsorción de Na^+ (induciendo la secreción de aldosterona)

4. Métodos analíticos

Normalmente, con la exploración clínica, se determina si la alteración del equilibrio ácido-base es de tipo metabólico o respiratorio.

4-1. Métodos analíticos de medida del pH:

a)-Determinación del pH en sangre

Para determinar el pH se utiliza sangre total o plasma (100ul), es adecuada para ello la sangre arterial, venosa o capilar .Es muy importante tener en cuenta para la extracción de las muestras:

- Identificación del paciente.
- Identificación de la procedencia del espécimen: arterial, venosa o capilar.
- Correcta técnica de extracción: posición en decúbito supino y que exista un estado de equilibrio ventilatorio antes y durante la extracción.
- Las más utilizadas las jeringas estándar de plástico(polipropileno) de 1 a 5 ml y las jeringas específicas para gasometría y otro recipiente aceptable son los tubos capilares de vidrio heparinizados.
- No utilizar oxalatos como anticoagulantes (aumentan el pH) ni tampoco citrato o EDTA (disminuyen el pH), es preferible la heparina sódica o de litio.

- Realizar la extracción evitando la formación de burbujas.

Manipulación de las muestras:

- Extracción en condiciones anaerobias y mantenimiento de la anaerobiosis para evitar contaminación.
- Agitación de la muestra para que se mezcle bien con la heparina y siempre homogenizar el análisis (rodando entre las manos o imán para muestras capilares).
- Reducir el tiempo de transporte y conservación. Analizar inmediatamente y siempre antes de 30min. Almacenar a 4ºC. Las muestras capilares deben analizarse en un plazo de 5min.
- No se recomienda el uso del tubo neumático.
- Evitar la hemólisis.
- Descartar coágulos
- Evitar la contaminación con otras muestras.

b) Determinación del pH en la orina.

Las determinaciones del pH en orina pueden realizarse de la misma forma que en sangre, aunque lo habitual es realizarlo con tiras reactivas. Pediremos al paciente que recoja un poco de orina en un recipiente adecuado. La medición debe realizarse en orina fresca (conservadas en frío, nunca congeladas), ya que ésta tiende a alcalinizarse debido a la pérdida de CO_2 y al crecimiento bacteriano produce amoniaco a partir de la urea.

Las tiras reactivas presentan un indicador de pH que puede ser el azul de bromotimol o rojo metilo, que cambian de color.

ACIDOSIS pH <7.35	ALCALOSIS pH > 7.45
Acidosis Respiratoria: pCO_2 > 45 mmHg	Alcalosis Respiratoria: pCO_2 < 35 mmHg
Acidosis Metabólica: HCO_3^- < 22 mmol/l	Alcalosis Metabólica: HCO_3^- > 28 mmol/l

Parámetros de la gasometría sobre el equilibrio ácido-básico.

- PH: Se define como el logaritmo decimal negativo de la concentración de H^+ ($-\log H^+$). El metabolismo celular requiere unos límites para este parámetro que oscila entre 7.35-7.45 (<7.35-ACIDOSIS; >7.35-ALCALOSIS). El PH compatible con la vida oscila entre 6.8-7.8.

- PCO_2: La presión parcial de dióxido de carbono depende de la función pulmonar y de la capacidad de eliminación de CO_2 por este órgano. Su disminución se conoce como hipocapnia y su elevación como hipercapnia. Su intervalo de referencia: 35-45 mmHg en sangre arterial y de 41-51 mmHg en sangre venosa.
- HCO_3: El bicarbonato es el principal tampón del organismo y es esencial en el mantenimiento del pH en sangre. Los riñones son el principal órgano de control de los niveles de bicarbonato por lo que su concentración es importante para determinar la importancia de los componentes renales y metabólicos en las alteraciones del equilibrio ácido-básico. El gasómetro nos proporciona dos tipos de bicarbonatos en función de su cálculo:

BICARBONATO ACTUAL

($HCO_3^-(c)$): Es la concentración de bicarbonato en plasma en relación con el pH y la pCO_2 del paciente. Se calcula a partir de la ecuación de Henderson-Hasselbalch y su intervalo de referencia: 22-28 mmol/l en sangre arterial y 26-32 mmol/l en sangre venosa.

BICARBONATO ESTÁNDAR

(HCO_3^- std): Es la concentración de bicarbonato en plasma de una sangre equilibrada con una mezcla de gases con una Pco$_2$ de 40mmHg y una Po$_2$≥100mmHg a 37°C. Su cálculo se realiza con la ecuación de Van Slyke y Cullin y su intervalo de referencia : 23-27 mmol/l.

HUECO ANIÓNICO O ANIÓN GAP.

En el plasma humano existen multitud de iones de carga positiva y negativa, para que el organismo se encuentre en buen estado, todos estos iones deben estar en equilibrio. De esta forma, si sumáramos todos los cationes presentes y los restáramos a todos los aniones presentes el resultado sería 0, es decir, presentan un balance neutro de cargas. De forma habitual no medimos todos los iones presentes:

- Cationes: sodio, potasio, calcio y magnesio.
- Cationes medidos: sodio, potasio.
- Aniones: cloro, bicarbonato, ácidos orgánicos, sulfatos, proteínas, fosfatos.
- Aniones medidos: cloro, bicarbonato.

Al no medir todos los iones, el resultado no es 0 sino que oscila entre 10 y 12 mEq/l, se conoce como hueco aniónico o anión GAP y es la suma de los iones que no se suelen determinar por ser múltiples y encontrarse en proporciones muy bajas.

ANIÓN GAP: osmolaridad sérica medida- osmoralidad sérica calculada.

Osmolaridad sérica calculada = $(2 \cdot Na^+) + (glucosa/18) + (BUN/2.8)$

ACIDOSIS METABÓLICA CON GAP NORMAL

a) Pérdidas excesivas de bicarbonato.
- Alteraciones renales que originan una reabsorción insuficiente de bicarbonato.
- Alteraciones digestivas que originan un aumento de la producción de bicarbonato.

b) Producción excesiva de hidrogeniones.
- Alimentación parenteral errónea
- Sales que forman ácidos en su proceso de metabolización.

c) Regeneración de bicarbonato insuficiente.
- Alteraciones de la aldosterona.
- Tratamiento con diuréticos.

ACIDOSIS METABÓLICA CON GAP ELEVADO

a) Alteración en la excreción de ácidos orgánicos.
- Insuficiencia renal.

b) Producción excesiva de ácidos.
- Cetoacidosis.
- Acidosis láctica.

c) Ingesta.
- Metanol.
- Etilenglicol.
- Salicilatos

EQUILIBRIO GASEOSO

1. Introducción

La función básica del pulmón es la de intercambiar gases, por ello para conocer el funcionamiento pulmonar se miden los gases en sangre arterial.

Durante la **inspiración** la presión alveolar es menor que la presión atmosférica, lo que permite que el aire fluya hasta los alveolos, sin embargo, la **espiración** es un proceso pasivo.

En cada inspiración:

- El O_2 atmosférico llega a los alveolos pulmonares.
- Por difusión pasa a la sangre
- Las arterias, transportan el O_2 hasta las células
- En las células la pO_2 es menor que en la sangre arterial, produciéndose difusión del O_2 desde la sangre hacia las células.

Con el CO_2 ocurre justamente el proceso contrario, los gradientes de presión lo van llevando desde las células hasta el alveolo, donde es expulsado en cada espiración

Composición del aire alveolar
Presión parcial del CO2 en los alveolos

- Esta determinado por su velocidad de excreción desde los capilares y por su eliminación mediante la ventilación alveolar.

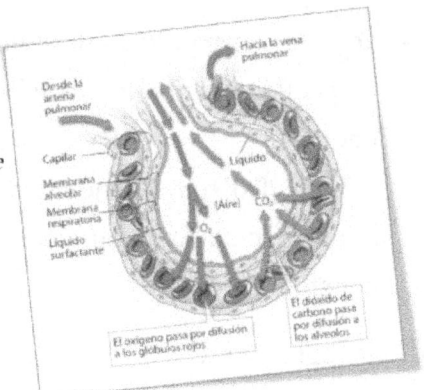

Con la gasometría arterial podemos medir el intercambio de O_2 y de CO_2 entre el pulmón y la sangre y el pH, informándonos sobre el estado de oxigenación de un paciente y también, sobre el estado del equilibrio ácido-base del mismo.

2. Transporte gaseoso en el organismo

El intercambio y transporte de gases obedece a las siguientes leyes de gases:

- **Ley de Henry**: la solubilidad de un gas en un líquido es proporcional a la presión parcial del gas sobre el líquido
- **Ley de Dalton**: en mezclas de gases la presión barométrica total es igual a la suma de las presiones parciales individuales

→Transporte de O_2

El 97% de O_2 presente en sangre se transporta unido a la hemoglobina y el 3% restante se transporta en el plasma y en el citoplasma del hematíe.

La curva de disociación de la oxihemoglobina en la sangre presenta forma sigmoidal y relaciona la saturación del O_2 con la presión parcial del mismo. Si la curva es modificada hacia la derecha la hemoglobina pierda afinidad por el O_2.

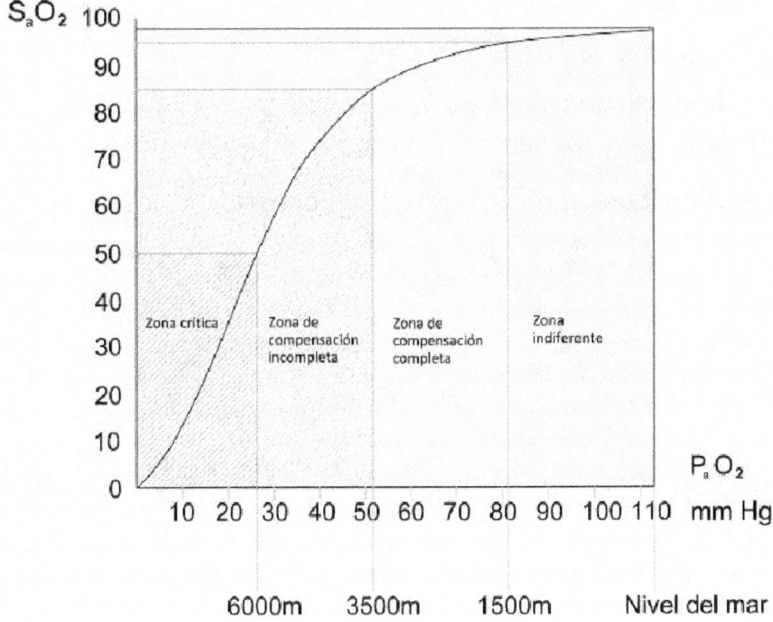

Factores que modifican la curva hacia la derecha:

- Aumento de la temperatura
- Aumento de la pCO_2
- Disminución del pH
- La altura
- Aumento del 2,3-difosfoglicerato

Si la curva se modifica hacia la izquierda la afinidad de la hemoglobina por el O_2 aumenta.

Factores que modifican la curva hacia la izquierda:

- Disminución de la temperatura
- Disminución de la pCO_2
- Aumento del pH
- Disminución de 2,3-difosfoglicerato

La curva de disociación de la hemoglobina.

La curva de disociación de la hemoglobina relaciona la saturación y la presión de oxígeno. Debido a la manera reversible que tiene el O_2 para unirse con la hemoglobina, cuando la PO_2 en la sangre es alta, el O_2 se unirá a la hemoglobina. En el caso contrario, como ocurre en los capilares tisulares, el O_2 se libera.

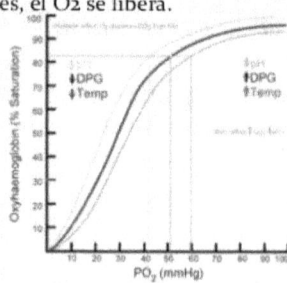

El transporte de O_2 se define como la cantidad de oxígeno transportado por litro de sangre arterial y se evalúa con los siguientes parámetros:

- Saturación de O_2
- Contenido total de O_2
- Concentración de hemoglobina-hematocrito

Saturación de O_2 en sangre

La definimos como la relación entre la cantidad de O_2 en sangre combinado con la hemoglobina y la cantidad de O_2 total

% saturación= (oxihemoglobina/ hemoglobina total) *100

Contenido total de O_2 en sangre

Definimos a este como la suma de la concentración de oxígeno disuelto en plasma (pO_2) y unido a la hemoglobina (oxihemoglobina) (SO_2)

Hematocrito

Es la relación del volumen de los eritrocitos respecto del volumen de la sangre total

Los sistemas implicados en el transporte de O_2 en la sangre son:

- Sistema circulatorio
- Sistema respiratorio
- Factor hematológico y afinidad de la hemoglobina por el O_2
- Demanda tisular de O_2

→ Transporte de CO_2

La sangre transporta CO_2 en las siguientes formas:
- 70% en forma de anión bicarbonato
- 23% en forma de carbamilo-hemoglobina
- 7% disuelto en plasma

A nivel tisular, el CO_2 se origina continuamente como consecuencia del metabolismo celular.

En el plasma como no hay anhidrasa carbónica, el HCO_3^- está disminuido y la diferencia de la concentración de este entre el hematíe y el plasma hace que salga del hematíe.

La eliminación del CO_2 de la sangre y su oxigenación convierte la sangre venosa en arterial, fin principal del proceso respiratorio

CO_2 total en sangre

Para determinar este parámetro podemos utilizar diferentes método, al igual que en el caso anterior debemos contar el CO_2 unido a la hemoglobina y el disuelto en el plasma

3. Determinación de gases

La medida de los gases presentes en sangre se lleva a cabo mediante una técnica denominada gasometría. La elección de la muestra a la hora de realizar una gasometría es muy importante, porque en contenido en gases varía significativamente en función del tipo de muestra elegida:

- Venosa
- Arterial
- Capilar

Generalmente, la muestra de elección es la arterial, debido a que su composición es más uniforme y no está sujeta a variaciones en función de la actividad metabólica del lugar de donde se extraiga, al contrario de lo que ocurre con la sangre venosa

TABLA II. VALORES NORMALES

	Arterial	Venoso mixto
PO_2 (mmHg)	80-100	40
PCO_2 (mmHg)	35-45	46
pH	7,35-7,45	7,36
P_{50} (mmHg)	25-28	
Temperatura (°C)	37,0	37,0
Hemoglobina (g/dl)	14,9	14,9
Contenido de O_2 (ml/100 ml)	19,8	14,62
Combinado con hemoglobina	19,5	14,50
O_2 disuelto	0,3	0,12
Saturación de hemoglobina	97,5	72,5
Contenido de CO_2 (ml/100 ml)	49,0	53,1
Compuestos carbamínicos CO_2	2,2	3,1
CO_2 bicarbonato	44,2	47,0
CO_2 disuelto	2,6	3,0

Recogida del espécimen

El recipiente de referencia es la jeringa de vidrio, que debe ajustar perfectamente con su émbolo. Se introduce en la jeringa aproximadamente 1 ml de heparina, con la que se lubrica el recipiente. De esta forma, queda el espacio muerto lleno de heparina. La aguja a utilizar puede ser del calibre 23 o superior.

La jeringa de vidrio presenta los siguientes inconvenientes:

- Alto coste
- Facilidad de rotura
- Necesidad de esterilización

Existen otros recipientes de recogida, los más utilizados son las jeringas de plástico desechables y los tubos de vacío.

→Normas previas a la extracción:

El paciente debe evitar fumar, recibir oxigenoterapia, tomar fármacos broncodilatadores o vasodilatadores, etc. y se aconseja que haga reposo 15 minutos antes de realizar la extracción.

La muestra de elección es sangre arterial fundamentalmente de la arteria radial, cubital, humeral o femoral. La sangre venosa, más fácil de obtener, puede dar valores correctos de pH pero los dará incorrectos para pco_2 y la saturación de O_2. La sangre capilar arterializada, como la obtenida del dedo, se puede emplear para determinar pH y pco_2 pero no para la pO_2

Manipulación

Una vez extraída la sangre se debe cerrar la jeringa herméticamente sin dejar nunca la aguja doblada. Se deben eliminar las burbujas de aire poniendo la jeringa en posición vertical sin agitar. Después debe transportarse rápidamente al laboratorio, donde se procesará la muestra en menos de 30 minutos, de no ser así se conservará refrigerada a 4°C para inhibir así el metabolismo celular. Sería preferible no utilizar en tubo neumático

Estudio analítico

Para medir la pO_2 se emplea el método del electrodo polarográfico de Clark, el cual consiste en un cátodo de platino, un electrodo de referencia o ánodo, una solución electrolítica de pH estabilizado entre ellos y una membrana que separa el sistema de la muestra. El funcionamiento se basa en la difusión, por la membrana, de las moléculas de O_2 a través de una solución electrolítica hacia la superficie del cátodo donde se reduce, alterando con ello la conductividad de dicha solución electrolítica, lo que conduce a un cambio en la intensidad de corriente entre el ánodo y el cátodo que es directamente proporcional al valor de pO_2 existente en la muestra sanguínea.

Para medir la pCO_2 se emplea el electrodo de Stow-Severinghaus. Se trata de un electrodo de pH estándar, sumergido en una solución tamponada de bicarbonato sódico y separado de la muestra sanguínea por una membrana que únicamente permite el paso de CO_2. La difusión del CO_2 desde la sangre hasta la solución tamponada a través de la membrana supone el equilibrio de la pCO_2 de ambos medios; el resultado es un cambio proporcional en la concentración de hidrogeniones de la solución tampón que es detectado por el electrodo de pH

Interpretación

La gasometría arterial puede indicar ciertas anomalías pero no su grado de anormalidad ni tampoco son suficientes para un diagnóstico etiológico específico.

Parámetros a tener en cuenta en la gasometría:

- pH: equilibrio ácido-básico
- pO_2: estado de oxigenación
- pCO_2: estado de ventilación, compensación pulmonar
- HCO_3^-: indica el grado de compensación renal

Valores críticos

→pO_2

Cuando los valores de pO_2 son inferiores a 80 mmHg estamos ante una hipoxemia, existiendo diferentes grados

El exceso de pO_2 es conocido como hiperoxemia

→pCO_2

Sus valores normales son de 35 a 45 mmHg. Por debajo de estos niveles hablamos de hipocapnia y por encima hipercapnia

Parámetro	Porcentaje de resultados críticos
pO_2 arterial (mmHg)	22,74
Lactato (mmol/l)	19,73
pH	4,68
pCO_2 arterial (mmHg)	4,39
Potasio (mmol/l)	4,33
Glucosa (mg/dl)	1,70
Sodio (mmol/l)	0,77
Cloro (mmol/l)	0,27

4. Cooximetría

Es una técnica espectrofotométrica que permite determinar la concentración de hemoglobina y sus factores, ayudando a valorar el cuadro clínico y el posible desplazamiento de la curva de disociación del oxígeno. Los derivados de hemoglobina más importantes son: oxihemoglobina, desoxihemoglobina, carboxihemoglobina, metahemoglobina y sulfohemoglobina

Oxihemoglobina (O_2Hb): unida a oxígeno

Desoxihemoglobina (HHb) o hemoglobina reducida: unida a dióxido de carbono

Carboxihemoglobina (COHb): unida a monóxido de carbono

Metahemoglobina (MetHb): es un derivado de la hemoglobina que se caracteriza por el estado oxidado de sus átomos de hierro, por lo que es incapaz de unir oxígeno.

Sulfohemoglobina (SulfHb): presenta grupos sulfuro unidos al anillo pirrólico del grupo hemo.

www.ingramcontent.com/pod-product-compliance
Lightning Source LLC
Chambersburg PA
CBHW070434180526
45158CB00017B/1225